はじめに

僕は二十六歳から約五年間、日本中を巡る旅に出ました。僕にとって、それは大きな世界認識の変化になりました。

旅を終えた二〇一〇年の夏から、僕は自分の肩書きを「森の案内人」と名乗り、日本中の森の案内をはじめました。また、今も日本中の森を巡りつづけています。気がつくと、今までに訪れた森の数は数千になりました。

「森の案内」と聞くと、ネイチャーガイドをしている姿を連想する人も多いと思いますが、必ずしもそうではありません。もちろん深い森林や里山なども案内をしていますが、神社仏閣や日本庭園、ビルが林立している街なかでも、そこに木が生えていれば、分け隔《へだ》てなく案内をしています。

そうして街や森で出会う木々は、僕にいつも圧倒的な存在感を見せつけてくれています。そんな木々のすごさを少しでも伝えたいという願いをもって、「森の案内」を始めます。

JN156106

目次

I 森の見つけ方

II この木なんの木？

Ⅰ　森の見つけ方

今、日本の森はどうなっているの？

じつは今の日本には、有史以来、最もたくさんの木が生い茂っています。こう聞くと意外に思う人が多いかもしれません。でも、本当にそうなんです。

この日本列島を覆《おお》っていた、かつての木々や森が静かに復活しはじめているということを、日本中をぐるぐる巡っていると実感します。これはすごいことだと思います。

現代の日本は、昔と比べると人口が桁違《けたちが》いに増えました。縄文時代の日本の総人口のピークは約二六万人、江戸時代は約三三〇〇万人だったそうなので、なんと約一億人も増えていることになります。幾多の産業革新、技術革新を経て世界に冠たる経済大国になった現代の日本で、なぜ木々がたくさん生えはじめて、多くの森が復活をしようとしているのでしょうか？

それは、「人々が伐《き》る木の数が急激に減ったから」です。

昔、人が生きていくためには、必ず木を伐らなければなりませんでした。電気や石油、ガスがなかった時代の生活エネルギーは、薪《まき》や炭、柴《しば》だったからです。ちなみに、昔話「桃太郎」の冒頭に「おじいさんは山へ柴刈りに、おばあさんは川へ洗濯に行きました」とありますが、おじいさんが刈ったのはゴルフ場や公園にあるような芝生の「芝」ではなくて、野山に自生している雑木のことを指す「柴」です。寒い日がつづく冬には、木を燃やして暖をとらないと命に関わりますし、料理やお風呂にも薪や柴は必需品でした。

けれど現代の日本で、そうした生活を送っている人は圧倒的少数派になりました。少なくとも僕の知り合いにはいません。つまり、人が木を伐らなくなったことで、木々がたくさん生えはじめているのです。これを知ると、テンションが上がってくるのは僕だけでしょうか。どんな種類の木が生えて、どんな木が立派に育って、どんな森が日本各地で復活をしようとしているのか、ワクワクしてきませんか？

この本では、そんな現代に蘇《よみがえ》ろうとしている街の森のことや、木々のことを紹介していきたいと思います。

森と林はどう違う？

「森」と「林」は聞き慣れた言葉ですが、そもそも、その違いは何なのでしょうか？　まずは森のことから、お話をしますね。

「森」という言葉は「盛り」を語源としています。森は、自然に、たくさんの木々が生い茂っている状態のことを指します。この日本列島では、じつにさまざまな草木が自生しており、何もない平地でも、月日が経てば、木々が「盛り」上がるように生い茂ります。たとえ人が種を蒔《ま》かなくても。

かつて太古の日本列島では、陸地の大部分が森に覆われていました。大地を覆っていた森は、やがて人間によって切り拓かれていきました。でも現在になっても、この日本列島の九八パーセントくらいの大地は、あいかわらず森に復活する潜在能力を秘めつづけています。

僕は毎日いろんな場所で木や森を愛《め》でていますが、そんななか、実感として湧いてくることがあります。それは、「日本列島の大地は、再び森になろうとしている」ということです。この森になろうとする営みは、じつに荘厳なものです。

僕は今のところ無宗教ですが、この「盛り」の力はどこから来るのかを辿っていけば、多かれ少なかれ「神」の領域に入るような気さえしています。ほんと、不思議です。センスオブワンダーです。

対して、「林」の語源は「生やす」からきています。人が、特定の場所に対して、特定の機能を持たせるために、特定の種類の木が生えるように手を加えた空間が「林」です。人為を超越した力で生まれる森とは違って、林はあくまで人が関わって生まれる場所です。

野山に木がたくさん生えているところは「森林」の一言でまとめられることが多いですが、そこが森なのか、はたまた林なのかを意識しながら歩いてみると、ただ木が生えているだけではない、自然の営みや、人の営みが、奥行きを宿しながらあなたに迫ってくるはずです。ぜひ、「森と林目線」で、野山や田舎を歩いてみてください。

街のなかに森がある

「森」と聞いて、どんな場所を想像しますか？

先に述べましたが、僕は自分の肩書きとして「森の案内人」を名乗っています。ただ、七〇パーセントくらいの確率で、お客さんに「山の案内人」と言い間違えられます。この活動を始めてから六年間、ずっと間違えられつづけています。もちろん僕の力不足もありますが、延々と間違えられると、そこには個人の言い間違いを越えた「なにか」が、社会に蔓延《まんえん》しているような気がしてきました。

多くの人たちの間で、なぜ「森」が「山」に変換されてしまうのか。そこには二つの理由があるような気がしています。

一つめの理由は、事実、日本の森はほとんどが山にあるからです。平地は市街地や田畑になっているところが多いので、森と山が同義語になるのも無理はありません。しかし、これは声を大にして言いたいのですが、森と山はイコールではありません（ただし諸説あります）。

森は、木がたくさん生えている場所のことを指しているのに対して、山は、大きく隆起している地形のことを指しています。

もう一つの理由は、多くの人たちにとって、森は「こっち側」にあるのではなく「あっち側」にあるのだということです。山は、「あっち側」の象徴なのです。つまり大多数の日本人にとって、森は日常を過ごす「こっち側」の空間ではなく、「あっち側」にある非日常の空間なのです。

しかし森は、「あっち側」で安住しているほど、ぬるい存在ではありません。森の語源である「盛り」の力で、「あっち側」はもちろん、「こっち側」でも生い茂り、日本列島を再び森で覆おうとしています。

その体現者は、主に植物たちです。日本国内に自生している五五〇〇種を超える高等植物(種子植物やシダ植物など、維管束があり、植物体が根・茎・葉などに分化した植物のこと)や、たくさんの生き物が持っている「盛り」の力によって、日本は再び森になろうとしているのです。

僕と森との出会いは東京でした。当時僕は、東京の大学で建築を学んでいました。

東京の街なかにはビル群がひしめくように建っていて、おびただしい数の人々が住んでいます。コンクリートジャングルと一昔前はよく呼ばれましたが、それは今でも変わっていません。

でもそんな街なかにあっても、静かで清らかな場所はあるのです。明治神宮や砧《きぬた》公園、等々力渓谷《とどろきけいこく》など、たくさんの木々が生えている森は、これほど都市化が進んだ市街地のなかでも、ひっそりと佇《たたず》みつづけています。慌ただしい毎日のなか、僕はそんな森たちの存在に気がつきました。……みたいな出会いではありません。誰もが認める「森」に心が癒されて、そのことを、「森と出会った」と表現しているわけではないのです。

たしかに東京の市街地でも、たくさんの木々が生えている場所は意外に多いです。そしてもちろん、それはそれですばらしいことだと思います。でも僕がとくに胸を打たれたのは、そんな誰もが認めるような森ではなく、街なかでの草木の営み、そのものでした。

たとえそこがアスファルトの敷き詰められた、たくさんの人が行き交《か》う街なかであっても、そこには必ず「すきま」が生まれます。そのすきまから、やがて草木が芽生えます。草木は、大きくても親指の爪くらいでしょうか。

よく考えてみると、じつに不思議なことです。人が誰も種を蒔いていないのに、草木は自然に芽生えてきます。

芽生えたときの彼らは、ほとんどの人には気づかれません。気づかれないまま徐々に大きくなっていき、やがて手のひらサイズの大きさになります。それくらいの大きさになると、たいてい人に見つかって、根元から摘まれてしまうことがほとんどです。

でも、その草木を摘むことなく、ただ見守っていると、彼らはどのような姿になるでしょう？

少し想像をしてみてください。

草木は営みを止めることなく、着実に大きくなっていきます。彼らが大きくなってきて、人目につくようになると、いよいよ本格的な「木」の登場です。木は草のような大きさではすまされません。空へ向かってぐんぐん伸びていき、枝葉を横へ広げます。そんな木々が、街なかで、あふれるように茂りはじめます。

そして、街はいつしか森になります。

これは僕の空想ではありません。未来の可能性の一つです。

森になる可能性を秘めている草木は、人々が伐っても抜いても、絶えることなく、小さく芽生えつづけます。森は「あっち側」だけではなく、「こっち側」にも来ます。芽生える草木たちに手を出さなければ、街はやがて森になるのです。

目線を下げて街を歩いてみましょう。きっとそこには、いつか森になる可能性を秘めた草木が、人知れず生えています。街のなかに、森は宿りつづけています。

街の森の見つけ方

もしも自分の世界観を根底から覆《くつがえ》すものと出会ったら、あなたはどうしますか？

僕にとって、それは「盛りの力、生やしの力」でした。そして、それらを身近に感じられる環境に自分の身を置くために、森の案内人という仕事を作りました。

「盛りの力、生やしの力」は、僕にとって、あまりにも広大な存在です。まるで、乾いた落ち葉が風を受けてアスファルトの道をカラカラと転がっていくように、自分の人生があれよあれよと流されているのを感じています。

ここからは、いよいよ実用編、「街のなかの、森の見つけ方」です。行動に移したら、街のなかでも森が確実に見つかる方法です。

ただ、いきなり最初からつまずいてしまう感じですが、日本中の街のなかに、いわゆる森はほとんどありません。正確に書くと、現時点では街のなかに森はほとんどありません。

でも、そこから起こりうる一つの可能性として、これから生まれるかもしれない未来の森の断片を探していきましょう。

未来の森の主役がどこからやってくるのかというと、彼らは下から、つまり地面から生えてきます。だから、街で森を見つけるには、まず目線を下へ向けることから始まります。

ただ、草木は単純に下から生えてくるわけではありません。とくに街の地面は、あらゆる物質を跳ね返す固いアスファルトやブロックで覆われています。ただでさえ小さな草木の種が、そんな地面に根を下ろすことは至難《しなん》の業《わざ》のように思えます。それでは、そんな街なかの地面から、草木たちは、どのようにして芽吹きはじめることができるのでしょうか？　彼らの生き方は、じつにスマートです。とくに種のときは、自分の非力も手伝って正面突破はできません。正面突破が無理なら、どこから行くか。それは「すきま」からです。

人が街をどれほど堅牢《けんろう》に造り上げたとしても、そこには必ず「すきま」が生まれます。一見するとすきまがない場所でも、物質と物質が隣り合うところ（たとえばブロックとブロックの間など）にはすきまがありますし、月日が経てば、固いアスファルトやコンクリートでも亀裂が生じ、すきまが生まれます。

彼らはそこから芽生えはじめます。一度、気にしながら歩いてみてください。思っていた以上に、草木（とくに小さな草）は元気よく生えています。

神社では、大きな木を中心に眺めてみる

どんな街なかでも、あたりを少し散策すると、ほぼ間違いなく徒歩圏内にあるもの。それが神社です。神社の境内《けいだい》は、その場所自体が神聖な場所とされているので、その場所に対して、人は畏敬の念を持って接します。特定の場所に対して人が畏敬の念を持ったとき、おこなうことは二つあります。一つは掃き清めること。もう一つは下手に手を加えないことです。

神社がその場所に鎮座《ちんざ》している月日が長ければ長いほど、境内のなかで人が掃き清めつづけている場所と、下手に手を加えていない場所との二極化は進み、その断層は、荘厳なまでに際立っていきます。掃き清めつづけていると、その場はまるで、できたてほやほやの新鮮な地面でありつづけます。

それでは特定の場所に対して、下手に手を加えないと、そこは一体どうなっていくのでしょうか？

そう、森になります。月日とともにさまざまな草木が芽生え、育ち、やがてそこは深い森に

なっていきます。

神社の境内にある森のことを、「鎮守《ちんじゅ》の杜《もり》」といいます。鎮守の杜に生えている木の多くは、人が住みはじめるはるか以前の太古から、そこに広がっていた森の構成種であることが多いです。先ほどの、すきまから芽生える草木が未来の森だとすれば、鎮守の杜は過去からつづいている森です。人がみだりに手を加えてこなかったので、神社の境内には原始の自然が色濃く宿っている可能性が高いです。

現代の日本における原始の自然の姿とは、ほとんどが森のことを指します。手つかずのままであれば、日本列島の大部分は森に覆われるのです。

神社の境内に広がっている森を、ゆっくりと眺めてみましょう。どんな木が生えているのか、木の種類を克明に調べてみるのも楽しいですが、ただ眺めてみるのも、とてもおすすめです。

公園ではなく、あくまで神社であることが重要です。でも、神社ほどではありませんが、あまり手入れが行き届いていない庭や公園でも、森の片鱗《へんりん》を感じることができます。

とくに財政状況が厳しい自治体が管理している公園や、住んでいる人がいなくなった家屋の庭には、それなりの茂みが生まれてくることが多いです。藪《やぶ》になっているとも言いますが、そんな茂みからでも「盛りの力」を感じて、そこから「未来の森」を見い出すことができれば、あなたの目の前には、たちまち深くて広い世界が、きっと立ち現れてくるでしょう。

また、どのような種類の木がどのように生えているのか、を観察すれば、そこに宿っている歴史が見えてきます。

たとえば、種から芽生えた一本の木が生えているとします。その木が肥沃な土を好む種類の木で、とても大きく育っているとすれば、その土地は長い間、大災害や人の影響を受けていないことがわかります。

また、直射日光を好む種類の木が、細い幹でたくさん生えていると、そこは新しく生まれたばかりの森だということがわかります。

街なかでも、見事な森になっている神社の境内を見かけることがあります。そこには、たとえば縄文時代からの自然の営みが、途切れることなく残っている可能性があります。

森を観察していけば、はるか昔から現代の僕たちの日常生活まで、「盛りの営み」がつづいていることがよくわかるのです。

苔にリスペクトを

苔《こけ》と聞くと、山深い原生林や渓流、京都の日本庭園などを思い浮かべる方が多いと思いますが、じつは街なかにも、たくさんの苔が活着《かっちゃく》しています。一度「苔目線」になって街を歩いてみてください。きっと思っていた以上に、あんなところにも、こんなところにも活着している苔の多さに驚かれると思います。

苔は種子によって広がる草木と違い、胞子によって広がります。ミクロ級に小さな胞子は、いつか活着できるかもしれない新天地を求めて、まるでスギ花粉のように大気中をさまよいつづけています。

苔は根を伸ばして水と養分を吸うわけではないので、必ずしも草木のようにすきまから生えるわけではありません。ほかの植物では生存不可能な、単なる面の上でも生きていくことができます。彼らの生存に必要なのは、光と水分、適度な気温（約〇《ゼロ》度以上）のみです。

苔は、地球で一番最初に陸へと上がってきた植物です。そんな陸上植物の最古層たる苔が、今なお現役バリバリで、森はもちろん、街のなかでも生きつづけています。

うっすらとスプレーがかかっているような淡い緑色があったら、それは活着して間もない苔です。


また、先ほど、草木は「すきま」から生えてくると書きましたが、例外の場所があります。それは、車道の路肩や、公園などにある「刈り込み」です。

この刈り込みのなかから、小さな木がちょこんと顔を出すように生えていることが時々あります。木の実を食べた鳥が、刈り込みの上で排泄をしたことで、その糞《ふん》に混じっている木の種が、刈り込みの根元から芽吹くのです。人が刈り込みを剪定《せんてい》さえしなければ、その木はたちまち大きくなります。


こうした、苔や刈り込みから生える木は、意識をしてみるといろんなところで見つけることができます。でもじつは、街のなかで森を「見つける」という言葉は、適切ではありません。

それでは、どんな言葉がふさわしいのでしょうか。

それは「見つける」「探す」の向こう側にある、「感じる」ことです。

街のなかで森を感じることは、探して見つけることよりも、かっこいいことだと僕は思っています。感じることができれば、たとえ森の片鱗が実際に現れていなくても、森の全体像を想像したり、把握したりすることができるからです。

ただ、これには多少の経験が必要です。そこが街でも野山でも公園でも、とにかく木が生えている場所へたくさん行って、じっと観察しつづけるのです。そうすれば、まったく違うと思っていた場所たちが、次第につながりはじめます。

たとえば、世界自然遺産に指定されている屋久島の原生林と、東京都二三区内では、ざっと思いつくだけでも五〇は同じ種類の木が生えています。

いろんな場所へ行き、いろんな木との対面をつづけていると、次第に、街なかにいても森を感じられるようになります。

人間のスキャニング能力と想像力は、僕たちが思っている以上にスサマジイと思います。過去も未来もひっくるめて、力をフル稼働させてみましょう。そして、あなただけの美しい森を感じてみてください。たとえあなたがどこにいるとしても。

II　この木なんの木？

華のある木

人が何もしなかったら、街には一体どんな木が生えてくるのか？

これから、その候補になる木を、一種類ずつ紹介していきたいと思います。まずは、栄《は》えあるトップバッターです。

これから明らかにしていきますが、街なかだとしても、じつに個性豊かな木が次々と生えてきます。

いろんな木が次々と生えてくるものだから、紹介するのは「あいうえお順」でもいいかもしれないと最初は思いました。でもせっかくだから、よりドラマチックに紹介をしたい。そしてそんななかでもトップバッターは、やっぱり「華のある」木がいいなと思いました。

僕が選んだトップバッターの木は、**桐**《きり》です。

日本広しといえども、桐ほど大きな葉をつける木は少ないです。いや、よく考えてみると、桐は、日本に生えている木のなかで最も大きな葉をつけるように思います。

僕が今まで遭遇したなかで最も大きかった桐の葉っぱは、驚くなかれ、なんとタタミ半畳くらいの大きさがありました。それはもはや、傘にできるサイズをはるかに凌駕《りょうが》していました。その巨大すぎる葉を目の当たりにした瞬間、自分のなかの「葉っぱ概念」が覆って、「なんだこれ」と戸惑いながら、何ともいえない畏怖《いふ》の念を抱いたことを覚えています。

桐は、街なかで生えているのをよく見かけます。とくに、手入れがされていないお庭や空き地、ちょっとした街のすきまで見かけることが多いです。

大きくなるのは葉っぱだけではありません。体もとっても大きくなり、樹高は一〇メートル以上にもなります。成長も早く、ゴマ粒くらいの小さな種から芽生えて、三年で三メートルくらいになります。でも、桐は木のなかでは寿命が短命で、人間と同じくらいです。一〇〇才も生きられたら立派だと思います。

桐は昔、よく庭に植えられていました。庭に植える一番の理由は、成長した桐を材として利

大きな葉っぱで、たくましく芽吹きます。

用するためです。昔は女の子が生まれると、庭に桐を植えて、成長してお嫁へ行くときに、庭で立派に育った桐を伐ってタンスを作り、嫁入り道具として持たせたそうです。美しいエピソードだと思いませんか。こんな風習が、また復活したらいいなと思います。

桐の材は、日本国内に生えている木のなかでは最も軽量で、狂いが少なく（湿度の変化などで材の形が変化することを「狂い」といいます）、色も白っぽくて綺麗です。そのために、タンスや下駄、お琴に使われてきました。また桐材は火事で燃えても表面が炭化しやすく、なかまで燃えにくいために、家具材などで重宝されてきました。

桐は、五月頃になると、白っぽい紫色の花を一房にまとめて咲かせます。そのように、たくさんの花を一房にまとめて咲かせることを「花房《かぼう》」といいます。花房の大きさは人の頭ほどもあって見応えがあるのですが、地上からはるか上で咲くので、観賞するような花としては、あまりとらえられていません。

しかし桐の花と葉は図案化され、現在の日本国政府の紋章に使われています。これまでも、皇室や足利家、豊臣家が紋章として使用してきた歴史があります。桐が図案化された姿は時代とともに箔が付きつづけて、まさにエスタブリッシュメントの象徴になっているようです。そこには、人の目線よりもはるか頭上で咲き誇る「高嶺《たかね》の花」という意味が込められているようにも思います。

ただ、桐はもともとどこに生えていた木なのか、今でもよくわかっていません。森の年齢が古ければ古いほど、桐と出会う確率は格段に低くなります。深い原生林のなかで、桐が生えているのを僕は見たことがありません。桐の故郷を求めて、中国の奥地とかを彷徨《さまよ》ったら楽しいでしょうね。

故郷はよくわかっていませんが、日本の街なかで、彼らはたくましく生きつづけています。ただそれらのほとんどが、数年で巨大に成長する不気味な雑草として、人に伐られてしまいます。

たしかに、とつぜん家の庭に巨大な葉っぱの植物が芽吹いてきたら、不気味になって伐ってしまう気持ちもわかります。でも、「その木は桐で、すごい木なんですよ」と家主さんにお伝えすれば、もしかすると伐られることも少しは減るかもしれませんね。

たくさんの桐が、まるで森のように生い茂っている町があったら、僕はぜひそこに住んでみたいです。

森のはじまりを告げる木

街なかでこの木が生えているのを見ると、僕はテンションが上がります。なぜなら、この木が生えているということは、森の本格的な「はじまり」を意味するからです。

明るい場所にすかさず芽吹いて、容赦ない速さで大きくなります。そのスピードは日本の木のなかでも一、二を争います。どのくらいの速さかというと、たとえば薄暗い森のなかで芽生えた樅《もみ》の若手だったら、種から芽吹いて二十年で二五センチほど。一方この木は、環境と個体の調子がよければ、種から芽吹いて二十年くらいで、なんと一〇メートルほどの高さになります。圧倒的に早い成長をする勇姿を見ていると、癒されるというより、まるでアントニオ猪木から闘魂ビンタを受けたような気分になります。

この木は生きていくために、とにかく強い日光を必要とします。たくさんの日差しを浴びながら生きているこの木にとっては草がライバルです。草たちに負けないために、猛スピードで成長してその生涯を駆け抜けます。

森のはじまりです。

木の名前は、**赤芽槲**《あかめがしわ》です。新芽が赤くて、大きくなる葉っぱが炊《か》し葉（食べ物を蒸すときに下に敷いたり、包んだりする葉のこと）として使われてきたことから名づけられました。

熱帯地方によく自生しているトウダイグサ科の木で、熱帯が起源のようです。南は台湾・沖縄から、北は秋田県まで自生しています。ここ最近の市街地はヒートアイランド現象で年々暑くなってきているように感じますが、この木は街が暑くなっても快適そうです。なんといってもルーツが熱帯ですからね。どんどん成長します。赤芽槲はまた、地方によって名づけられた方言名をたくさん持っています。菜盛葉《さいもりば》、五菜葉《ごさいば》、赤柏《あかがしわ》、味噌盛葉《みそもりば》、ヤマユーナ、アカタッピャギ、タッピシチャ、久木《ひさぎ》、あかべ、あかぼー、あかんべん、などなど。集落でも田畑でも、明るい環境であればとにかく元気に生えるので、人々にとっては身近な木だったのでしょうね。

種は発芽をしなくても、土のなかでしばらく眠りつづけることができます。土の温度が三五度前後になるまで、発芽をしないで、じっと待ちつづけます。土の温度が三五度以上になるということは、たくさんの日光が地面まで射していることを意味します。街なかでも、道沿いや空き地など、とにかく「明るい場所」では、元気いっぱいに生える木です。

赤芽槲が成長して木陰を落とすようになると、草はそれほど生えなくなって、日陰でも生きていくことができる木々が生えはじめます。いよいよ、森のはじまりです。

圧倒的な生命力の木

草木は、どこかかよわい存在で、大切に守っていかなければならないと思っている人も多いようです。とくに、彼らと直接ふれ合うことが少なくなった現代の日本では。

街で生まれ育った僕も、なんとなくそんなノリで生きてきました。植物をどこか上から目線で見ていたのかもしれません。日本中を約五年間巡っていたときも、植物たちのことを、どこか繊細で優しくて、大きな父親と母親を足して二で割った存在のように感じていました。

ところが、そんな考えをひっくり返すような出来事が、二年前の夏に起こりました。それは、その前の真冬にさせてもらった庭作りがきっかけでした。

以前にお庭のリニューアルをさせてもらった方の紹介で、瀬戸内海に浮かぶ小豆島の別荘のお庭を作らせてもらったときのことです。広くて穏やかな海原と、オリーブの群落が風に揺れている半島、遠くに四国の山々が見渡せる二〇〇坪くらいの広さの庭に、ススキやハギ、ハーブやイネ科の草などの苗をたくさん植えて、種もたくさん時きました。作りたての庭は、まるで、ちょっとした楽園のはじまりのような、穏やかな空気が流れていました。

それから五カ月が経った夏、僕は期待に胸をふくらませながら小豆島へ渡りました。植えたり蒔いたりした草木が芽を出して、健気に生えはじめている姿を思い浮かべながら庭の入口に立ったとき、真夏だったのに僕は凍りつきました。

目の前に広がっていたのは、**クズ**がすべてを覆った庭でした。あの草や木も、あのハーブも、ぜんぶクズが覆っていました。その圧倒的な生命力に、呆然としたことを昨日のことのように覚えています。

クズは、日本全国に生えている蔓《つる》植物です。

蔓植物は、じつにしたたかな生き方をしています。多くの樹木は大地に根を張り、重力に抗《あらが》いながら空へ向かって枝葉を伸ばし、自立して生えています。ところが蔓は、それらとはかけ離れた生き方をしています。自分の茎を伸ばすだけ伸ばして、どこかに生えている木や草をよじ上っていきます。自分の幹や枝を太く強くすることはしないで、とにかく茎を伸ばして他の何かを支えにして、光を獲得していきます。伸ばした茎が地面に着いたら、そこから新たに根を地中へ伸ばすことができる種類も多く、自分の体が、あちこちに増殖していきます。

クズは、そんな蔓植物のなかでも最強の呼び声が高く、爆発的な成長力を誇っています。

とにかく覆います。まわりのものを。

夏には一日に一メートル伸びると噂され、駆除方法は薬剤散布かヤギを飼うしかないとか、まるで怪獣のように扱われています。

「日本に自生している植物は、みんな繊細で協調性を持っている草木ばかりだ。そんななか、クズはただひたすら周囲を覆ってしまう。秋になっても紅葉しないで、冬になったらパタンと葉を落とす。このような姿は南方系の外来種にちがいない」と言う人もいます。

そんな、今となっては厄介者と思われがちなクズですが、長年、日本人から愛されてきた植物でもあります。秋口に咲く紫とピンク色の花は、秋の七草の一つに選ばれていますし、地中深くへ伸ばす大きな根からは、風邪薬の葛根湯《かっこんとう》の主成分になる葛根や、和菓子の原料になる葛《くず》粉《こ》が採れます。引っぱりに強い茎は紐《ひも》や籠《かご》の材料に使われ、家畜の好物である葉っぱは、餌としても重宝されました。何度伐っても生えてくることも大いに喜ばれました。

クズが自生しているのは日本や東南アジア一帯ですが、家畜の餌として十九世紀末にアメリカへ渡り、積極的に植えられました。また、根を深くまで伸ばすために乾燥にも強いことがもてはやされて、乾燥地の緑化植物としても植えられました。クズを植えていた時代もあったのですね。今から振り返ってみると、まるでゴジラに餌をあげていたように思えてきます。

最初の頃はアメリカ人も喜んでいたようですが、次第に繁茂していくクズを見て青ざめていき、一九七〇年に農務省がクズの雑草宣言をして、いよいよ国をあげて煙《けむ》たがられるようになりました。それでもクズは増えつづけて、今やアメリカ南東部の原風景のようになっています。

日本には、クズのライバルであるイネ科の草やササ、明るいところですぐに成長する木々がたくさん自生しているので、クズの勢いが削《そ》がれて力の均衡が保たれているようですが、アメリカにはクズの勢いを止められるような強靭《きょうじん》な草木が少ないのも、クズが爆発的に増える原因だったようです。日本の市街地でも、まるでアメリカ南東部のように、クズがすべてを覆っているところがあります。それを見ると、なんとも荘厳な気分になります。

ただ、クズも生き物なので、もちろん弱点があります。それは日陰では生きていけないことです。直射日光を何よりも好むので、日陰になると嘘のように葉を茂らせなくなります。

覆われる草木にとってクズは非常に迷惑な存在ですが、森にとっては大切な存在です。クズが森の外側の明るい部分を覆うことで、森のなかの湿度が保たれ、強すぎる太陽光が森のなかに入らないようになります。こうして、森のなかでしか生きられない植物や動物たちを守っています。また、森のまわりで生い茂っているクズは、外敵が多い小鳥たちにとって絶好の住まいになります。その存在は正義なのか悪なのか、どちらなのでしょうね。

はんぱなく大きくなる木

植物が好きな人は、二つのパターンに分かれます。小さな草花や苔の生態など、ミクロな世界観で愛でることを好む人と、雄大な風景や巨樹など、マクロな世界観で愛でることを好む人です。今の僕は後者のパターンに入ります。

こんなことを書くと大味すぎて話がすぐに終わってしまいますが、僕が木を好きな理由を一言でまとめると、それは「大きくなるから」です。もちろん、人の背丈くらいの高さにしかならなくても魅力的な木は星の数ほどありますが、大きくなる木に、今の僕は文字通り、より大きな魅力を感じてしまいます。

今回ご紹介をする木は「はんぱなく」大きくなる木です。

今から三十年ほど前の一九八八（昭和六十三）年に、環境庁がおこなった自然環境保全基礎調査のなかで、日本中に生えている巨樹の実測調査が実施されました。知っている人は少ないと思いますが、じつは巨樹って、ちゃんと数字で定義されています。地上から一・三メートルの高さで（斜面に生えている場合は尾根側から測ります）、幹周りが三メートル以上の木が巨樹とされます。

この調査で、そんな巨樹が日本中に五万五七九八本生えていることがわかりました。ただし日本には立ち入ることが困難な山深いところがたくさんあるので、実際はこの二倍くらいの本数の巨樹が生えていると僕は思っています。それにしてもよく計りましたね。調査員の方々、ご苦労様でした。

この調査の結果を受けて、日本の巨樹の大きさベスト10も発表されました。日本全国に生えている巨樹のサイズを正確に計測して、統計でまとめたことは歴史上初めてのことだったので、樹木好きや、有名な巨樹が生えている自治体の関係者たちは固唾《かたず》を呑んで結果を待ちました。発表されて、みんな驚きました。ベスト10の巨樹のなかで、なんと九本の木が、一つの種類だったのです（現在は変わっています）。それが今回紹介する木、**楠**《くすのき》です。

栄光の日本一の巨樹も、楠でした。その木は鹿児島県の蒲生《かもう》町に生えていて、「蒲生の大楠」と名づけられています。なんと、根周りが約三四メートルもあります。

僕は二十六歳のとき、この木に会うために現地へ行きました。対面したときは、そのあまりの巨大さに、口を半開きにして、ただ呆然と眺めました。

楠は、十～十一月になると黒い実をたくさん実らせます。その実は鳥たちの好物で、鳥は食べた実の果肉だけを消化して、消化されなかった種を糞と一緒に落とします。それが楠の思惑通りで、彼らの子どもは鳥たちによって、そこら中に広がります。

しかし、森のなかだったらともかく、街なかで落ちても芽吹くことができる楠の赤ちゃんはごく僅《わず》かです。固いアスファルトの上に落ちて、根を出して芽吹くことができずに、ひからびて死んでしまうことが多いのです。楠の赤ちゃんの運命は、実を食べた鳥が排泄をする場所次第です。街のアスファルトのちょっとしたすきまだったり、植木鉢やプランターや公園など、土があるところに落ちることができた楠の実はラッキーです。

ただ、せっかく芽生えることができても、街なかに彼らの安住の地はほとんどありません。ある程度の大きさになったら、人に根元から伐られてしまいます。巨大になることが宿命づけられている彼らにとって、街なかで安住の地があるとしたら、神社仏閣の境内か、大きな公園くらいです。

街なかでの楠と人との関係は昔から変わらないようで、家の庭に楠の赤ちゃんが芽吹いたら、その家の住人はすぐに根元から伐っていたそうです。

どこまでも大きく。

一年中葉を茂らせている楠は、人の日常生活ではとても向き合えない勢いで成長します。昔の人はそのことをよく知っていたので、大きくなる前に、ささっと根元から伐ることが常識とされていました。我が家の庭どころか、敷地いっぱいに枝葉を広げられて、家も庭もすべてが楠の日陰になってしまったら（しかも季節に関係なく一年中）、僕だって毎日が鬱々《うつうつ》としてしまいそうです。

そのために、大きな楠が生えているのは街なかでも神社仏閣くらいでした。楠のエネルギーを受け止めることができるのは、神仏くらいだったのですね。

街なかで芽吹いたばかりの小さな木は、人にそれが楠だと気づかれるにしても、気づかれないにしても、大きくなる前に伐られつづけています。それでも楠の赤ちゃんたちは、毎年春になるたびに、街のどこかで芽吹きつづけています。

ロックの曲名みたいな木

街に生えている木を愛でるには、まず知っていただきたい最初のステップがあります。それは、「その木の背景を知ること」です。その木は「人が植えたのか」、もしくは「自然に芽吹いたのか」、どちらかを探ってみるのです。

これは、とっても大切なポイントです。

この本で紹介をしている木は、圧倒的に後者の「自然に芽吹いた木」ばかりです。ただ桜や楠などは、人が植えることもよくあります。

それでは、人が植えたのか自然に芽吹いたのかを、どのようにして見分けるのでしょうか。ポイントは、その木の姿と、生えている場所です。

街なかで見かける「人が植えた木」は、造園屋さんが庭木畑から連れてきて植えるので、ある程度の大きさ以上の木（低くても二メートルくらい）ばかりです。そしてそれらの木の幹は、すっとまっすぐに伸びていて、いかにも育ちが良さそうです。また、土があるところの真んなか、つまり「植えるんだったらここだよな」と誰もが納得できるような場所に生えているのも特徴です。

それに対して「自然に芽吹いた木」は、小指の爪ほどの大きさから一〇センチくらいまで、草のように、あるいは草々にまぎれて生えています。そして三〇センチ程度の大きさになると、人が植えた木にはない貫禄を備えはじめます。その違いは、まるで野武士と背広を着た就活中の学生くらいの差があります。

生えている場所がトリッキーなのも、自然に芽吹いた木の特徴です。アスファルトとコンクリートブロックの間とか、植えられている木の根元とか。その生えている場所を観察していると、人智を超えた自由さに見とれます。まるで、作為を感じさせない現代アートのインスタレーションを鑑賞しているような気分になります。

今回紹介をする木は、**神樹**《しんじゅ》です。

街を歩いていると、この木を非常によく見かけます。とくに大きな街の車道沿いで、まるでそこにいるのが当たり前かのように、人が植えた木々にまぎれて生えています。ところが、神樹を街なかで植えることは、現代の日本では滅多にありません。

最近、街でよく見かけます。

その姿と名前から察せられるように、ドラマチックなまでに早く、大きな木になります。

神樹という名前は、この木の英語名TREE OF HEAVENからきています。なんとなく景気の良さそうな名前です。ROCKの曲名にしたら売れそうです。

この木はその名にふさわしく、まさしく天にも届かんばかりに、空へ向かって、まっすぐに伸びます。英語の名前から和名が生まれたことからわかるように、明治時代に海外から渡ってきました。もともとは中国に自生している木です。

葉っぱを好んで食べるシンジュサンという蛾《が》（蚕《かいこ》に近い種類）を育てて褐色の繭《まゆ》を作らせるために植栽したり、まっすぐに伸びてすぐに大きくなるので、庭木や並木として植えられました。

今はそのような用途もほとんどなくなり、神樹は、環境省が重点対策外来種として駆除をすすめるほど、とくに街なかをはじめとした人里では、ものすごい勢いで増えつづけています。大気汚染にも強いので、車の排気ガスが充満している車道でも、平然と育っています。

車道でも自然に芽生える神樹は、造園屋さんに毎年根元から伐られるので、見かけるのは三メートルくらいまでの高さのものばかりです。ということは、彼らは人に根元から伐られても、一年で三メートルくらいまで成長をするということになります。

遡ること七十二年前の一九四五年八月六日、広島市の中心部に原子爆弾が投下され、たくさんの人が亡くなり、街も灰燼《かいじん》に帰《き》しました。

そのあまりの荒廃ぶりに、半世紀以上は植物も芽吹かないだろうと言われていたのですが、爆心地からたった四一〇メートルしか離れていない場所に生えていた神樹が、なんと被爆をした翌年に芽を出しました。その姿に人々は驚いて、ずいぶんと勇気づけられたそうです。

いつしか誰かが「テンシラズ」と名づけ、人々はこの木の成長を見守りつづけました。

その神樹自体は二〇一四年に伐り倒されてしまいましたが、孫にあたる神樹が、今も元気に育っているそうです。

このようなエピソードを聞くと、木は人よりも強いのかもしれないと思えてきます。

ある日、車道沿いの一角で、自然に芽生えた数本の神樹が、伐られることなく一五メートルくらいの高さまで伸び伸びと茂っているのを見かけました。今まで見たことのない光景だったので、僕は運転していた車を咄嗟《とっさ》に路肩へ停めて、彼らの勇姿に見とれました。

そのとき、僕は確信しました。ああ、彼らはほんとうに、街も森にするのだと。

日本人が誰でも知っている木

日本人が誰でも知っている木は何だろう？

僕はやっぱり**桜**かなと思いました。桜と聞いたら九九パーセントの人が、あの絢爛《けんらん》豪華な花を咲かせる姿を思い浮かべると思います。でも桜のそばで一年中過ごしていると、花を咲かせるだけではない、彼らのさまざまな顔が見えてきます。

桜は大胆かつデリケートな木です。直射日光を浴びるのが大好きで、それでいて水をたくさん含んだ肥沃《ひよく》な土を好みます。気に入ったところではどの木よりも大きく育ち、春になると圧倒的に華やかな花を一気に咲かせます。でも「十分な光、肥沃な土、十分な水分」の三つのうちどれか一つでも欠けると、やがて萎《しお》れて枯れてしまいます。

街なかでは、直射日光が当たるところはたくさんありますが、水をたっぷりと含んだ肥沃な土がある場所はそれほど多くありません。もしもあるとしたら、それは公園か河川敷か、広めの庭くらいでしょうか。そして、そんな場所はたいてい人が定期的に手入れをしているので、

日本の春の象徴です。

桜の赤ちゃんが草にまぎれて生えてきたとしても、雑草としてまとめて刈られてしまいます。

それでも街を歩いていると、ピョンピョンと力強く芽生えている、高さ三〇センチほどの桜の若木を見かけることがあります。その姿からは、実から芽生えたばかりの初々しさはありません。まるで、ずっと前からそこに居座りつづけているかのような堂々とした姿をしています。それもそうです。その堂々たる桜の若木は、ずっとそこで生きつづけてきたのです。

桜の根は、この木の生命力を象徴している器官であり、他の木にはあまりない特徴を持っています。地中深くに根を伸ばすと同時に、地表からすぐ下のところへ、浅い根を横へ広げるように伸ばします。地表からすぐ下に広がった根は、木から離れた場所でも日差しがたくさん当たることを察知すると、そこからピョンと芽を出します。

桜のテリトリー意識は強力です。自分の根から新しい幹を地上へ芽吹かせると同時に、他の植物が生えてくることを、自ら落とす葉に含まれるクマリンという物質によって妨害します。

直射日光を好むこの木にとって、自分の近くに他の木が生えてくることはすなわち、食うか食われるかの過酷な競争を意味します。だからこそ、それを未然に防ぐのです。これほど根っこや葉で自己主張をする木も珍しいです。

また、たとえ地表部分が枯れてしまったり、人に根元から伐られてしまったとしても、地中の根は生きていることが多いです。ピョンと力強く芽生えている桜の若木を見かけたら、かつてそこには立派な桜が生えていた可能性がとても高いです。

桜の赤ちゃんが街なかで芽吹いて順調に成長することは極めて困難ですが、大人の桜は街なかでよく見かけます。

二〇〇七年に国土交通省がおこなった調査で、街路樹として植えられている木の本数が樹木別にまとめられました。その結果、日本全国で街路樹として最もたくさん植えられている木はイチョウで五七万本。桜は四九万本で、堂々の二位でした。街路樹以外にも、桜は公園や学校の校庭などにたくさん植えられているので、日本全国に植えられている桜の本数は、優に三〇〇万本以上はあるでしょう。

うららかな春の明るい日差しを浴びながら咲く花と、土中の水分と養分、新天地を求めて地中に広がる強力な根っこ。桜はまるで、一本で陰陽を体現しているような木です。もしかすると、日本人は昔から、花だけではない、桜のそんな生命力に魅了されてきたのかもしれませんね。

僕が一番共感できる木

「どの木が一番好き？」と、たまに聞かれます。「一番好きな森は？」と聞かれるのと同じくらい答えに困る質問です。好きかどうかはわからないけど、「どの木が一番共感できる？」という質問には答えることができます。まあ、そんなマニアックな質問をされたことはありませんが。

僕が一番共感できる木、それは**山桑**《やまぐわ》です。

今では知っている人は少なくなりましたが、この木の果実はとても美味しいです。近づいてよく眺めてみると、赤や黒に色づく果実には、甘みが詰まった小さな粒が無数にくっついています。人と鳥の味覚は似ているところがあるのか、この果実は鳥にも大人気です。とくに黒くなったものが甘くて美味しいので、その実から食べられていきます。鳥は果実のなかの甘い果肉だけを消化して、消化されない種をあちこちに排泄するので、山桑の若木は、街なかでもいろんな場所に芽吹きます。

境遇によって、葉の形を変えていきます。

ここまでは他の木にもよくある性質ですが、ここからが山桑のすごいところです。なんと山桑は、葉っぱの形を変えるのです。卵のように丸かったり、切れ込みが深く入っていたり、左右非対称のいびつな形に切れ込みが入っていたり。その葉っぱの変わり具合はなんとなく落ち着きがなくて、まるで試行錯誤の連続のように思えてきます。その様子を眺めていると、僕はよく思います。「これはまるで僕みたいだ」と。

葉に多様な切れ込みがあることには、ちゃんとした理由があります。それは「風を強めるため」です。

木は二酸化炭素を体に取り込んで光合成をします。しかし植物である彼らは、僕たち人間みたいに息を吸って、空気を自分の体内へ取り込むことができません。風が吹いて自分の体に当たらないと、空気のなかの二酸化炭素を取り込むことができないのです。山桑の背丈が低ければ低いほど、葉っぱの切れ込みは深くなります。そして彼らの体が大きくなるにしたがって、葉っぱの切れ込みは徐々に浅くなっていき、やがて卵形のように完全に丸くなります。

若くて小さな山桑は、十分に大きくなった山桑よりも活発に光合成をして、いち早く大きくなる必要があります。なぜなら背丈が低い山桑には、まわりに光を奪い合うライバルの草木がたくさんいるからです。

葉っぱに切れ込みを入れると、狭くなった切れ込みには、風がより強い風速で通り抜けるようになります。それはビルの谷間や地下鉄の駅の出入り口など、狭《せば》まったところには風が強く吹く原理と同じです。若い山桑は、自分の葉に当たる風速を少しでも強めて、より多くの二酸化炭素を体のなかへ取り込み、光合成をより活発におこなえるようにして、早く大きくなろうとします。それを知ってから彼らを眺めると、なんだか愛しくなります。

山桑には、もう一つ大きなエピソードがあります。葉っぱが蚕の餌になるので、養蚕《ようさん》をするのに欠かせない木だったということです（山桑と近縁の、中国原産の桑も蚕の餌になりました）。

養蚕は中国で生まれ、日本でも紀元前二〇〇年頃から営まれてきたと伝えられています。日本の養蚕は最盛期が一九二九（昭和四）年頃で、その頃の養蚕農家は日本全国に約二二〇万軒もあったといいます。きっと養蚕農家さんたちには、一軒ごとに「マイ山桑・マイ桑」が家の近くに生えていて、その木を家族の一員みたいに愛でていたのだと思います。

ちなみに近年の養蚕農家の数は一〇〇〇軒を下回っています。急激に減った養蚕農家に呼応するように、家のすぐ近くで育てられていた山桑や桑も激減しました。

それでも山桑たちは、街なかでトリッキーに芽生えつづけ、葉の形を変えながら生きつづけています。

寒さ最前線に生きる木

夏が来るたびに思います。この暑さはどこかおかしいと。

とくに僕が住んでいる京都は、盆地特有の湿度の高さも手伝って、毎年うだるような暑さになります。地球温暖化についてはさまざまな見解があるのでまだ何とも言えませんが、僕が生まれた頃（四十年くらい前）と比べると、街の気温が確実に高くなってきているのを感じます。

ところが、そんな身の危険を感じるような暑さのなかで、ギラギラした日差しをいっぱいに浴びながら元気いっぱいに生えている木がいます。そんな姿を見ていると畏敬の念が湧いてきます。僕たち人間の上を行っているなと、羨望《せんぼう》の眼差しで彼らを見上げてしまいます。

蒸し暑くなった街のなかでも元気いっぱいに生きて、「もっと暑くなっても何も問題ないよ」と涼しげに語りかけてくるような木々の自生地を辿ってみると、やはり南の地方が起源の木ばかりです。

ここで紹介をする木は、見た目からして南方系の姿をしている木・**棕櫚《しゅろ》**です。

-21世紀の日本の街には、ヤシが自生しています。

それもそのはず、棕櫚はヤシ科ヤシ属、正真正銘のヤシです。しかも世界中のヤシのなかで、最も寒い環境でも生きていくことができる、寒さ最前線に生きているヤシでもあります（ヤシが木なのかどうかは諸説ありますが、ここでは木とさせてもらいます）。

棕櫚の幹には、他のヤシと大きな違いがあります。ヤシの幹はつるっと滑《なめ》らかなのに対して、棕櫚の幹は茶色くて堅い毛に覆われています。毛が防寒の役割を担っていると僕は推理しています。

じつはその毛に、僕たちはたくさんお世話になっています。亀の子束子《たわし》や、ホームセンターで売っている棕櫚縄《しゅろなわ》は、棕櫚の堅い毛から作ります。亀の子束子はその堅いブラシで、さまざまな汚れを強力に削り落とします。棕櫚縄は、結んだらよく締まり、耐久性も高くて土にも還る優れものです。世間的にはそれほど認知されていませんが、庭に携わる人（庭師など）からは高い支持を得ています。

棕櫚は、とくに東京から西にある街なかでは、ごく自然に芽生えてきます。日陰で湿度が高い場所を好むようですが、わりとどこにでも芽生えて、まっすぐに成長していきます。鳥の好物の黒い果実をたくさん実らせるので、果実を食べた鳥の排泄によって種が落とされて、街でもそこら中に芽生えます。

棕櫚の故郷は中国南部の亜熱帯です。昔から庭木として植えられることはありましたが、自生することはありませんでした。彼らは日本の寒い冬を越すことができなかったのです。

棕櫚が自然に芽生えるようになったのは、戦後の高度成長期から。街の気温が高くなりはじめた頃と重なります。

僕は日本全国で森の案内をしていますが、とくにホームグラウンドと言いたくなるような大好きな場所がいくつかあります。そのなかの一つが、東京都港区白金台にある附属自然教育園です。

江戸時代には大名屋敷だったという東京ドーム四個分の敷地は、今は鬱蒼《うっそう》とした森に覆われています。たとえ街なかでも、人の手を加えないで自然のままにしていると、はたしてどんな森になるのか、ということを示してくれている、すばらしい場所です。今では森全体が国の天然記念物に指定されていて、厳重に保護されています。

そんな東京の街なかに残る貴重な森・附属自然教育園で、圧倒的なまでに増えている木が、棕櫚です。江戸時代や戦前はもちろん、一九四九年に自然教育園として一般公開された頃には一本も生えていなかったのですが、二〇一〇年には二三二四本に急増しました。園内の一角には、まるでターザンが出てくるジャングルのような棕櫚だらけの場所があって、そのトロピカルな雰囲気には軽く目眩《めまい》を覚えるくらいです。

棕櫚が自由に次々と芽生えてくる今の日本の市街地を昔の日本人が見たら、腰を抜かすと思います。もはやそこは、亜熱帯の世界なのかもしれません。なんといっても野生のヤシが自生しているのですから。

棕櫚のもう一つの特徴は、圧倒的なまでの体の重さです。

一度、伐採した棕櫚を運んだことがありますが、その重さには驚かされました。棕櫚は五メートルほどの高さだったのですが、僕一人では到底運べなくて、男性三人で声をかけあって持ち上げて、ようやく運べたくらいでした。

まっすぐに伸びる幹は、その重さを生かして、お寺の鐘を突く棒として使われています。

世界で最も耐寒性の高いヤシは、故郷から遠く離れた北国の日本で大活躍中です。

不名誉な名前の木

真夏になると花を咲かせる木がいます。**臭木**《くさぎ》です。花弁は真っ白で、萼《がく》がピンク色の、ジャスミンとよく似た花です。香りもすばらしくて、こちらもジャスミンの花とよく似ています。

花の奥にある蜜は、さまざまな種類のチョウチョの好物です。真っ白な花のまわりには、よく黒いアゲハチョウが飛び交っていて、まるでオセロのような光景になります。

ところで、虫が見ている色世界は、僕たちが見ている色世界とは異なります。僕たちが白と感じている色は、彼らからすると、まるで蛍光塗料のように見えています。

臭木は真っ白な花を咲かせて、魅惑的な香りを放ち、クロアゲハをはじめとした虫たちをおびき寄せます。そして蜜をあげるかわりに、花粉を彼らの体にくっつけて受粉を手伝ってもらうのです。まさに持ちつ持たれつ、ウィン-ウィンの関係です。

白い花のまわりに、真っ黒なチョウチョが飛び交っている光景は、僕にとって真夏の風物詩です。

臭木は明るい日差しが大好きなので、森のなかでも明るいところに生えています。明るい日差しさえあれば、どんなところでも元気いっぱいに生えるので、街なかで芽生えている姿もよく見かけます。

しかし臭木が魅力的なのは、真夏だけではありません。夏が終わっても、白い花の下にあったピンク色の萼はそのまま残り、秋になったら、その萼のなかからコバルトブルー色の実を実らせます。そのピンクとコバルトブルーのコントラストは、とってもカラフルです。

実とそのまわりを派手にしているのは、鳥たちに気づいてもらうためです。鳥が見ている色世界は、他の動物と比べれば、僕たち人間が見ている色世界とよく似ています。僕たちが派手だなあと思う色は、鳥にも派手に見えています。臭木の思惑は、彼らに気づいてもらって、実を食べてもらって、種を排泄物と一緒にどこか遠くへ運んでもらうことです。

臭木は、虫と鳥とうまく共存共栄の関係を結んでいます。この生き方は、今のところ大成功をおさめていて、日本全国、なんと南は沖縄から北は北海道まで、そして森から街まで、たくさんのところで生えています。

花も実も美しく、大きくなっても五メートルくらいの高さなので、庭に植える木としてもう

夏に咲かせます。白とピンクの香り高い花を。

ってつけだと思うのですが、庭木としてはほとんど流通していません。とっても魅力的な木だと思うのですが、知名度が上がらないのです。それはなぜなのでしょうか。

うっすらと気がついている人もいると思います。

そうです。「臭木」という、残念すぎる名前のためです。なぜこんな不名誉な名前をつけられているのかというと、葉が放っている香りが原因です。葉をさすった手を自分の鼻に近づけてみると、なかなか独特な香りがします。やや風味の弱い焦がし油のような匂いです。ビタミンの匂いと言う人もいます。昔の日本人にはこの香りを臭いと感じる人が多かったので、こんな名前がつけられてしまいました。

でも臭木の名誉のために言っておきたいのですが、僕はこの葉の香りが、それほど臭いとはどうしても思えません。臭木の葉っぱは臭いのか？　僕なりに調べていて、森の案内中に臭木が生えているのを見つけると、一緒に歩いている人たちに葉の香りを嗅いでもらうようにしています。そして感想をみなさんから聞くのです。

「良い匂い！」と感じる人はそれほど多くはないものの、「まあ悪くない香りだね」と言う人が圧倒的に多くて八〇パーセントくらい。「どちらかというと不快」と感じる人は二〇パーセントくらいで、「臭い！　嫌だ！」と顔をゆがめる人は、まだいません。

また、臭木の葉っぱの香りには虫除けの役割があるため、そのおかげで、この木の葉っぱが虫たちにかじられているのをあまり見かけません。

名前というのは、僕たちが思っている以上に大きな力を持っているようです。もしも、この木のことを好意的に受け止めた名前が過去につけられていたら、彼らの運命もきっと変わっていたことでしょう。たとえば、真夏の白花とか、チョウチョの木とか、日本ジャスミンとか……。

でも臭木は、人間界では知名度がほぼゼロですが、北海道から沖縄まで、そして森から街まで、伸び伸びと繁栄しています。そして、たくさんのアゲハチョウや鳥たちに、食べものを提供しつづけています。

草原で必ず生えてくる木

あるイギリス人の素朴な疑問を人づてに聞いたことがあります。

「よく日本人が、私の国の広い原っぱを見て喜んでいるんだけど、あんなに単調な場所のどこがいいんだろう？　聞けば日本には、とっても豊富で多様な草木が生えているらしいじゃないか。そのほうが単調な原っぱよりも、よっぽど魅力的だと思うんだけど」

たしかに、広い原っぱが好きな日本人は多いと思います。僕もそうです。まるで芝生のような草原が、地平線まで果てしなくつづく光景に憧れています（森の案内人をやってはいますが）。一度そんな大草原を、ただひたすらに歩いてみたいです。

しかし日本には、北海道東部の酪農地帯を除いて、そんな場所はほとんどありません。そして湿原と高山帯以外では、自然のままの状態で草原になる場所もありません。

たしかに街なかにも、ちょっとした空き地や河原に草原はあります。でもそこは、すべて人が草刈り（あるいは火入れ）をすることによって草原でありつづけています。

それでは草原に人が手を入れなければ、そこは数年以内にどうなるでしょうか？もれなく、いろんな木が生えてきます。

そんななかでも今回は、草原で草刈りを止めた途端に必ず生えてくる、**山漆《やまうるし》**、**山櫨《やまはぜ》**、**白膠木《ぬるで》**の三種類の木を紹介します。三種類ともウルシ科の木で、姿がよく似ているので、チーム・ヤマウルシと僕は呼んでいます。名前の通り樹液から漆が採れたり、和蠟燭《ろうそく》やお歯黒の原料になったり、大昔から人間は彼らから様々な恵みをいただいてきました。

チーム・ヤマウルシの外見上の大きな特徴は、その葉っぱのつき方にあります。一本の細い枝先に細かい葉が整然と並んでいるように見えますが、じつはこれ、全部で一枚の葉っぱです。その証拠に、晩秋になると細い枝先だと思っていた部分が、つけ根からポロリと落ちます。つまり落葉です。このような姿の葉っぱは、まるで羽のように見えるので、羽《う》状《じょう》複葉《ふくよう》と呼ばれています。大きな葉っぱに切れ込みをたくさん入れた結果、小さな葉が整然と並んでいるように見えるのです。

葉をそのような姿にしている意図は、若い山桑の葉っぱの切れ込み（四八ページ参照）と同じです。チーム・ヤマウルシの羽状複葉は、葉に細い切れ込みを入れていることで、ちょっとした弱い風を強い風に変えて、自分の葉を揺れやすくしているのです。

体感風速を最大限に強くさせて、体に二酸化炭素をできるだけたくさん取り込み、チーム・ヤマウルシは活発に光合成をおこないます。そして可能なかぎり、早く大きく成長しようとします。彼らのライバルは草や低木たちなので、それらよりも早く大きくなることを至上命題にしているのです。そのために素早く大きくなって、花を咲かせ、実を実らせて子孫を残す、駆け抜けるような生涯を送ります。

山桑のように、大きくなったら葉を丸くするようなこともありません。種から芽生えて老木になるまで、彼らはギアを落とすことなく、その生涯を駆け抜けます。

彼らは、晩秋（暖かい地方では真冬）になると葉を紅葉させて落とします。晩秋は太陽光が弱まって寒くなるため、光合成をしても割に合わないと判断して、翌年の春まで休眠をするのです。その年にどれだけ活発な光合成をしてきたのかを物語るような、ド派手な紅葉を晩秋に見せてくれるのもチーム・ヤマウルシの特徴です。その紅葉の美しさから、漆紅葉《うるしもみじ》と呼ばれてきました。

木は人と違って悠久の歳月を生きていると思っている人は多いと思います。でも、チーム・ヤマウルシたちの寿命は数十年です。生えている場所が暗くなったら、すぐに弱って枯れてしまいます。強い日差しを浴びて、葉っぱを風に揺らしながら、彼らは生涯を駆け抜けます。

こう見えて、一枚の葉っぱです。

原始の森の王

森を案内するときは、できるだけ新鮮な気持ちでいたいと思っています。だから僕は今のところ、特定の地域内だけで案内することをしていません。依頼があれば、日本全国どこにでも伺います。

そうは言っても、足を向けて寝られない場所が一カ所あります。それは京都市内にある「糺の森」です。僕はこの森のすぐ近くで生まれ育ちました。今でも年に数度は案内をさせてもらっています。

糺の森は、平安京の総鎮守だった下鴨神社の境内に広がっている森で、京都市街地のなかにありながら、東京ドーム約三個分の広さがあります。

この森のさらなるすごさは、その植生にあります。平安京が誕生するはるか以前、京都盆地を覆っていた原始林が、当時に近い状態で残っているのです。これはたいへん貴重なことで、世界中を探してみても、都市の只なかに原始的な森がこれだけの規模で残っている場所は、僕が知るかぎりほかにありません。

僕が通っていた下鴨中学校は、そんな奇跡すぎる糺の森の隣にありました。近隣住民たちは、さぞ日々敬って森に接していたと思われるかもしれませんが、僕は神様を感じたことはなく、大多数の近隣住民のみなさんは（僕も含めて）、木が鬱蒼《うっそう》と茂った森くらいにしか思っていませんでした。聖地は、ほとんど誰からも気にされることなく、薄暗く静まりかえっていました。

そんな森に、太古から生きつづけている植物が生えていて、どうやらそれらがピンチらしい、ということを中学二年生の秋に兄から聞いたことがあります。太古という言葉に、一瞬ゾクッとしました。

でも、それがどんな種類で、なぜピンチになっているのか教えてくれる人は誰もいなくて、学校の授業やクラスの友人たちとの間で話題に上ることもありませんでした。

僕の近所の森へのかすかな興味はすぐに消えてしまって、十五年以上、実家のすぐ近くにあるその森が、気になる存在になることはありませんでした。

そこは僕にとって自転車で通り抜ける「木がたくさん生えている場所」でしかなくて、そこで何かをする場所ではありませんでした。下鴨神社へ行く用事といえば年に二回、正月の初詣と、お盆に開催される古本まつりくらいでした。

糺の森のすごさに初めて気がついたのは、三十一歳の春のことです。日本中をぐるぐる巡った約五年間の旅から京都の実家へ帰ったばかりだった僕は、久しぶりに地域の産土神《うぶすながみ》の下鴨神社へ参拝して、なかなか過酷だった旅から無事帰ってこられたお礼をしに行くことにしました。生まれてこのかた、神仏に対して手を合わせる気持ちなんてかけらもなかったのに、長かった旅は、僕をすっかり変えてしまっていました。

ふらりと立ち寄った久しぶりの糺の森で、僕はあまりの感動に目眩を覚えました。実家から目と鼻の先にあり、物心がついたときから見慣れていたはずのその森は、僕が巡ったどの森とも違う植生と美しさを湛《たた》えた、唯一無二の場所だったのです。

大学を卒業してから七年かかって、僕は自分の審美眼ならぬ審森眼を養いました。そしてようやく、自分のすぐ身近にあった森の魅力を感じることができたのです。それはまさしく、人生の僥倖《ぎょうこう》でした。

僕はすっかり興奮して、下鴨神社や糺の森の歴史を調べはじめました。神社の境内にある森のことを正式には杜と書くのも、そのときに初めて知りました。

糺の杜には、今でもひときわ立派な木が生えています。その木は、八十年くらい前までは池

大古の風格を、みなぎらせています。

だった大きな窪《くぼ》みの淵に、雄大な枝葉を広げています。おそらく杜のなかで一番大きな木だと思います。その木は、**椋《むく》の木**です。樹齢は若く見ても三〇〇才くらいはありそうです。

京都盆地の原始的な植生が残っている糺の杜のなかで、最も大きな木だということは、太古の京都盆地を覆っていた原始林や湿地のなかでも、最も大きな木だったということになります。

椋の木は、日本では関東以西の地方に自生をしています。川が大洪水を起こすと呑み込まれてしまうような川岸や、岩が露出した急斜面で巨木になっているのを見かけることがあります。しょっちゅう川に呑み込まれるような場所ではなくて、数十年に一度くらいの大洪水が起こったときに、川に呑み込まれるようなところが好きなようです。

そんな椋の木は、京都盆地を覆っていた原始林では、他のどの木よりも大きく、王様として君臨していました。

その森は、きっと息を呑むような美しい場所だったと思います。

椋の木は、十月から十一月になると、一センチ程度の黒い実を実らせます。この実はとても美味しくて、まるで熟した柿のような味がします。個人的な感想では、ほどよく熟した椋の木の実は、柿よりも格段に美味しいです。鳥たちは好んでこの実を食べ、果肉だけを消化し、親木から遠く離れた「どこか」で種を排泄します。

種以外の鳥の排泄物は、肥料になって椋の木の成長を助けます。

それから椋の木をはじめとした多くの木々は、京都市内では十一月の中旬くらいから葉を黄葉、紅葉させて落としはじめます。森のなかではその落ち葉が、排泄された種の上にやさしく降り積もります。

なんとも合理的な生存戦略です。森や街を飛び交う鳥はところかまわず排泄をするので、街なか（ただし関東以西にかぎります）でも椋の木の赤ちゃんが芽生えているのを見かけます。

ただ椋の木は、なんといっても太古の森に君臨していた森の王様の末裔《まつえい》なので、芽生える場所はどこでもいいわけではありません。陽がよく当たって、土もわりと肥えていて、水分もそれなりに豊富なところである必要があります。街なかでこの三つを満たす場所は、それほど多くはありません。

僕は椋の木の赤ちゃんを見かけたら、その芽生えるところはどんな場所かチェックをするようにしています。そしていつも「ああ、ここなら芽生えるね。たしかに」と納得して、太古からつづく椋の木の世代交代を思います。

人が本格的に定住を始める五世紀以前の京都盆地には、大小無数の川が流れ、あちこちにさまざまな形をした泉や池があり、深い原始林と湿原に覆われていました。椋の木は、そんななかでひときわ壮大に生えていました。

そんな太古の原始林に、五世紀頃には、優れた土木技術を持つ秦一族や賀茂一族が大勢でやってきて、開拓をおこないました。そうして田畑が造られて人が定住できるようになり、一二〇〇年以上前の七九四年には日本の首都に。現在、京都市内には約一四〇万人が暮らしています。

京都で一番の繁華街、四条河原町から歩いて三分くらいのところにも、大きな椋の木が、建物とアスファルトの道の間から生えています。

深い原始林だった頃から環境が変わっても、椋の木は、街のなかで生きつづけています。

二億年前からいる木

グーグルマップで街の航空写真を見ていると、並木がよく目立ちます。また、街なかを車で走っていると、どんな街の目抜き通りにも並木が植えられていることがよくわかります。並木の歴史は古く、一三〇〇年以上前に造営された奈良の都・平城京にもありました。

並木のコンディションは、その地域の樹木文化の指標の一つになると思います。しかし残念ながら、現在の日本にはかわいそうな状態の並木がとても多いです。太い幹や枝を容赦なく伐られてコンパクトになっている並木たちを見ると、まるで僕の体の一部も伐られたような気がして、いたたまれなくなります。

日本全国の並木のなかで、最もたくさん植えられている樹種は、**イチョウ**です。二〇〇七年に国土交通省がおこなった調査では、日本全国で並木として植えられているイチョウは、なんと五七万本にもなります。そんなイチョウは街を歩くと目にする機会が多いですが、他の木とはケタ違いの悠久の歴史を持っています。

イチョウが地球上に現れたのは、今から二億年も前のこと。恐竜が闊歩《かっぽ》していた頃、北半球で広大に繁栄していました。まさに生きている化石で、これほど大昔から種としてありつづけている木は、世界中を見渡してみても片手で数えられるくらいしかありません。他に思い浮かぶとすれば、蘇鉄《そてつ》や、一九九四年にオーストラリアで発見されたばかりのウォレマイパインくらいでしょうか。

イチョウという名前も不思議なひびきを持っています。語源にはいくつかの説があって、なかでも最有力とされているのは中国語の鴨脚《ヤーチャオ》が訛《なま》ったという説です。あまり知られていませんが、じつはイチョウは中国に自生している木で、日本には自生をしていません。

二億年のあいだ、地球上には数多の気候変動が起こりました。大きな隕石も落ちました。かつて北半球で広大に繁栄していたイチョウたちは、そんな二億年の大変動の結果、中国の奥地でかろうじて生き残りました。まるでアフリカのコモロ諸島近くの深海で息をひそめていたシーラカンスのように。

日本に自生していたイチョウが絶滅したのは約百万年前です。

そして彼らは今から約一〇〇〇年前に、人の手によって日本に里帰りをしました。それが日本人が最初に見たイチョウです。中国から来た珍しい木ということで、寺社などの聖地の、と

恐竜と同期です。

くに目立つ場所に植えられました。さぞ大切にされたのでしょう。その珍しい木は、中国人たちが呼んでいたヤーチャオと、そのままの名前で呼ばれました。

今でも、何百才という大きなイチョウが、北は青森県から南は鹿児島県まで生きつづけています。並木として植えられているイチョウとはまったく異なる、別次元の姿の巨木ばかりです。

並木に植えられるための条件は、「何度剪定しても枯れない。排気ガスをたくさん浴びつづけても枯れないなど、とにかく丈夫なこと」「街では希薄になりがちな季節感を演出してくれること」があげられます。イチョウはその条件を見事に満たしています。

イチョウには雄の木と雌の木があり、雌の木は銀杏《ぎんなん》を実らせます。日本が貧しくて食糧難だった頃は、秋になるとみんなこぞって拾っていたのですが、今は拾って食べられることも少なくなりました。その独特な匂いが忌み嫌われることも多くなり、役所にはひっきりなしに苦情が来るようです。そのために、最近はイチョウの若木を植えるときは、雄の木ばかりが植えられるようになりました。

イチョウが帰ってきた故郷・日本は、数百万年前とは違う場所になっていました。もはやイチョウは森のなかでは芽吹くことができなくなって、銀杏を好んで食べていた動物も絶滅しました。そのために年齢が古い森のなかでは、イチョウは一本も生えていません。

ところが街なかでは、地面に落ちた銀杏から芽生えているイチョウの赤ちゃんを見かけることがあります。街の土は、森の土と比べると銀杏を攻撃する菌が少ないのでしょうか。イチョウの赤ちゃんたちが初々しく芽生えている光景は、なかなか神々しいものです。

約百万年ぶりのイチョウの復活は、大自然からではなく、街からすでに始まっているのかもしれません。

特殊能力を持つ木

一本の木をどのくらい長く見ていられるか。小学生の甥《おい》っ子から聞かれたことがあります。「うーん。一時間くらいかな」と答えると、まるで奇妙なオブジェを見るような目で見られてしまいました。残念ながら彼との会話はそこで終わってしまいましたが、またの機会に、木や森にまつわるいろんなことを話せればと思っています。

僕たちが普段見かける街なかの木々は、人によって定期的に剪定されている木がほぼ大多数ですが、趣《おもむき》でいうと、やはり自然のままの樹形が最高だと思います。

僕たち人間とは違うテンポで、植物たちも生を謳歌《おうか》しています。

動物のように移動をすることがない分だけ、彼らは自分が生きている環境を全身全霊で感じ、具体的な行動を起こしつづけています。その具体的な行動の足跡が、木のあるがままの姿である自然樹形です。

自然樹形の木を眺めていると、数年、数十年、場合によっては数百年にわたる木の足跡を辿り、推察することができます。「巨木に向き合うと人はみな詩人になる」と、偉人が本に書いているのを読んだことがありますが、その通りだと思います。

自然樹形で、圧倒的な存在感を放っているのが、**欅**《けやき》です。

まったく剪定をしなくても、均整のとれた扇型の樹形になります。そのうえ、日本に自生している木の種類のなかでも、ベスト10に入るくらいの大きさになる木でもあります。

日本の風土のなかで、多くの日本人の原風景になってきた大きな欅は、桜や松と並んで、こよなく愛されつづけてきました。北は青森県から南は鹿児島県まで自生をしています。

知名度の高さも手伝って、並木道にもよく植えられています。仙台の定禅寺《じょうぜんじ》通りや青葉通り、東京の表参道や大國魂《おおくにたま》神社の参道には圧巻の欅並木があります。一本一本が悠々と気持ちよさそうに枝を伸ばしているので、その界隈も伸びやかで大らかな空間になっています。

欅がとても大きくなる木だということをわかったうえで、間隔をあけて植え、彼らの自然樹形を尊重して手入れをしている並木道は間違いなく美しくなります。

でも、狭いスペースに欅をたくさん植えて、太い枝を剪定して、欅の自然樹形をまったく生かしていない並木道が多いのも悲しい現実です。その木が人々からどのくらい愛されているのか、木の姿を見ると一目瞭然《いちもくりょうぜん》です。やっぱり愛情をたっぷり受けた木を見ると、僕も嬉しくなります。

人の想定を超える大きさに育つ欅は、街なかではどうしても剪定されるのがつきものではありますが、この木は自分の枝先を自分で伐るという、他の木にはほとんど見られない特殊能力を持っています。

なぜそんな能力を身につけたのかというと、欅の子孫の残し方に関係しています。

とても大きくなるのとは裏腹に、種は小さく、直径二、三ミリ程度の丸い粒です。この種の周りには、たくさんの鳥が食べてくれるような果肉もなければ、風を受けて少しでも遠くへ飛んでいけるような構造にもなっていません。ただの小さな粒であって、他にこれといった取り柄は見受けられません。

欅はその種を枝の先端部分にたくさん実らせて、晩秋から冬になると、枝先を自分で伐り、遠くへ飛ばします。先っぽの葉が光合成を終えて、冬に落葉するまでの間という、絶妙なタイミングで葉っぱを翼の代わりにして、ほんの少しでも親木から離れたところへ実を落とそうと

その樹形からは、風格と調和を感じます。

するのです。

欅の自生地は川沿いが多いです。川沿いに生えている欅が種をつけた小枝を飛ばして、それが川の水面に落ちた場合、葉は翼の役割から一転して筏《いかだ》の役割を担います。

実は小さい粒なので、作るのにそれほど多くのエネルギーを要しません。そのために、たくさん実らせることができます。

秋から冬に差し掛かり、北風が強く吹いたときは欅を見上げてみてください。葉を翼にして、クルクルと回転させながら空を飛んでいる実つきの小枝を見ることができます。

落ちたところが小川だったら理想的です。小枝は川に流されて、さらに遠くの新天地へ行くことができます。

欅は明るい環境に好んで芽生えるので、街なかでも明るいところを探してみると、欅の赤ちゃんが芽生えていることがあります。並木道や公園など、近くに欅が生えているところでは、赤ちゃんたちを見つけられる可能性も高くなります。

また、欅の材は堅くて木目も美しいので、建築材や家具材としても超一級品です。ただ、大きな欅は貴重になったので、材も自ずと高価になっています。

この偉大な木のことを、僕たちは昔、槻《つき》と呼んでいました。しかし、木の姿が「けやけし」なので、いつしか「けやき」と呼ばれるようになりました。「けやけし」という言葉は、今では死語になりましたが、「きわだって目立つ」という意味があります。

けやけし木が、これからも僕たちのそばで、悠々と生えつづけてくれますように。

過酷な環境でも生きぬける木

僕は京都市内で生まれ育ちましたが、初めて清水寺へ行ったのは、遅まきながら高校二年生の秋でした。それからさまざまな場所の空間構成に興味を持ったことも手伝って、二十歳前後の頃から各地の神社仏閣へ足繁く通うようになりました。

僕が学生だった二十年ほど前は、神社やお寺へ参拝に行く人は年配の方ばかりでしたが、そんな時節は過ぎて、今や若い人もたくさん足を運ぶようになりました。そしてそれに呼応するように、パワースポットという言葉もよく耳にするようになりました。

神社やお寺へ行くと、なんとなく気分が晴れやかになります。それは自然の息吹《いぶき》を感じられる場所が多いことと、その場に寄り添うように、多くの人々の厚い信仰心が歳月を超えて積み重なっていることも一因のように感じます。

そんな神社仏閣では、**松**をたくさん目にします。ここぞという場所には、必ずと言っていいほど松が植えられているのです。

なぜ松が、神社仏閣の「ここぞ」というところに生えているのか。長い間の疑問でした。森を巡って五年くらいが経ったときに、その疑問がすっと解けました。その正体は、松の生命力でした。松は他の木が生きていくことができない過酷な環境でも、生きていくことが可能なことが、よくわかったのです。

過酷な環境は、大きく分けて三つあります。

一つめは、波しぶきを浴びる海岸です。波しぶきが絶えず打ちつけているような海岸は岩になっていることが多いのですが、そんな岩の上でも、松は悠々と自生をしています。

二つめは、高山帯です。標高が上がると環境も苛烈《かれつ》になっていくので、生えることができる木も自ずと減っていき、やがて森林限界という領域よりも標高が高くなると、岩肌の目立つ草原になります。そんな森林限界を超えた高山帯でも、松は自生をしています。

三つめは、集落近くの野山です。現在では、それこそ集落近くの野山にはたくさんの木々がひしめき合うように生えていることが多いですが、今から六十年以上前の日本はまったく違いました。そこは細い松や小楢《こなら》などがちらほらと生えているだけの明るい疎林だったのです。なぜなら、昔の日本人のエネルギー源は薪や炭だったからです。

人々は森に生えている木を頻繁に伐採して、その薪や炭で日々の生活に使うエネルギーをまかない、落ち葉をかき集めて里へ持ち帰り、田畑の肥料にしていました。そのため集落近くの森林の地力は低く、植物が生えていない岩もたくさん露出していました。松は、そんな痩せ地でも健やかに成長することができる数少ない木でした。

他の木が生きていけないような環境でも健やかに育ち、また一年中同じ姿でありつづけている松の偉大さが、日本の森を巡りつづけていると身に染みて感じられました。

昔の日本人は、今よりもっと簡単に病気にかかり、亡くなりました。そんななか、硬い岩の上に生え、姿を変えることなく生きつづけている松に、人々は畏敬の念を禁じ得ませんでした。だから松は、神社仏閣でも、ここぞという場所に植えられ、正月の門松としても飾られています。

現代の日本の生活は、昔と比べると格段に便利になったので、松の力にあやからなくても、人々は日常生活を営めるようになりました。これは長い日本の歴史のなかでは一つの達成なのかもしれませんが、現代社会を生きていると、やはりどこかで寂しさも感じてしまいます。

人々から畏敬の念を持たれ、崇《あが》め奉《たてまつ》られることは激減しましたが、松は今でも、他の植物が生きていくことができない厳しい環境で、孤高に生えつづけています。

唯一無二の生命力です。

お昼寝に最適な木

森のなかで昼寝をするのは、とっても気持ちがいいです。至福という言葉がよぎるときがありますし、その森に一歩お近づきになれたような気にもなれます。

いろんな木の下で眠ってみて、最も快適だったのは**榎**《えのき》の下です。

榎はたいへん大きくなる木なので、枝下の空間も広く、夏の木陰には涼しい風が吹きます。枝ぶりが他の木よりも緻密なために木漏れ日も細かいので、下から見上げると星空のようにピカピカと光って綺麗です。一方、冬には葉を落とすので、日差しが地面まで当たり、ポカポカと暖かくなります。

「榎の根元は四季を通じて居心地がいい」ということを、僕は三年くらいかけて知りましたが、昔の人はとうにわかっていたようです。江戸幕府が造った五街道の一里塚には榎が植えられていて、その根元で旅人は休憩をしていたということを後になって知りました。

話は変わりますが、タマムシという甲虫を見たことはありますか？　お年寄りの話では、最近は見かけることもずいぶんと減ったらしいですが、僕は自宅でよく見かけます。なぜなら、家のすぐ前に大きな榎が生えているからです。タマムシは榎の葉を好んで食べます。街なかでタマムシを見かけることが減ったのは、生えている榎の数が減ったことが原因だったのです。

その他にも、オオムラサキという国蝶に指定されている大きな蝶々の幼虫も榎の葉を食べて育ちますし、スーパーでよく売られているエノキタケも、榎によく発生します。

榎はかつて、「え」という名前で呼ばれていました。

それが、「え」だけだと他の言葉と聞き間違えることもあったのか、やがて「えのき」と呼ばれるようになりました。

大昔から話されてきた大和言葉では、「え」という言葉には「良い」「大切な」「便利な」という意味がありました。好意的な意味ばかりです。榎は昔の日本人にとって、大切で、ありがたい木だったのです。

この本のはじめにも書きましたが、僕は日本全国の山奥から街なかまで森の案内をしています。ここのどこが森なの？　と疑問に思われるような住宅街でも、森の案内と称して案内をしています。

もしかすると、僕が案内をしている枠組みはもはや森ではなくて、もっと何か他の大きなくくりを示す言葉で表現をしたほうがいいのかもしれませんが、今はまだ思いついていません。

街を歩いていると、芽生えたばかりの榎の赤ちゃんによく出会います。北海道や沖縄以外では、街なかで最もたくさん芽吹く木のように感じています。

その秘密は榎の実です。秋になるとオレンジ色や赤色に色づくその実は、少し甘みがあって、なかなか美味しいです。鳥たちも好物のようで、盛んに食べます。彼らが食べた実は果肉だけが体内で消化され、種は排泄物と一緒に親木から離れたどこか遠くへ落とされます。

ただ、それはあくまで果肉が美味しいときだけにかぎります。実のまわりの果肉が乾燥すると、美味しさはなくなって、鳥はたちまち見向きもしてくれなくなります。鳥が食べてくれなくなったら、榎はせっかく苦労して甘く実らせた実を、自分の枝先で干からびさせるだけになってしまいます。榎が実を実らせる季節は、柿や椋の木の実など、鳥たちにとっては魅力的な実がたくさんある時期でもあります。競合相手も多いのです。

それでは榎は、鳥に食べてもらえなくなった実をどうするのでしょうか。

榎はそこから、冬になって葉を落とす前に、残っている葉を翼にして自分の枝先を伐って、

「盛りの力」全開の木です。

風に乗せて飛ばします。実を鳥に食べてもらう戦略から、葉と実をつけた枝先ごと風に乗せて飛ばす戦略へと子孫の残し方を変えるのです。状況に応じて手段を劇的に変えます。

しかも榎の赤ちゃんは、生える場所をあまり選びません。たとえそこがアスファルトやコンクリートの割れ目だったとしても、たくましく芽吹くことができる力を持っています。そして大きく成長して、場合によっては数百才になるまで生きます。

街のなかでもたくましく芽生えて、そこを森にしようとする、主役級の役割を担っている木でもあります。

なぜ、榎がこれほど街のなかでも芽生えることができるのか、ずっと不思議に思っていました。ある特定の木のことを知りたければ、その木は純粋な自然環境では、どのような環境に生えていることが多いのか、探ってみることが大切です。

榎は川の近く、数十年に一度の大洪水で浸水するような場所に、よく生えています。ただ、毎年のように浸水をしてしまうようなところではうまく成長ができないようです。洪水の影響を受けないような山深いところでは、それほど多くは生えていません。もちろん山奥でも生えている姿を目にすることはありますが、やはり川近くの谷間に生えています。

この木は川の営みとともに、その浸水域と絶妙な距離感を保ちながら生きつづけています。それでは、今の日本で街になっている場所の多くは、大昔はどのような場所だったのでしょうか？　東京も大阪も名古屋も京都も、そこには広い湿地の森が広がっていました。やがて治水技術を身につけた人々が開拓をおこなって、かつて湿地の森だったところは田畑や集落になり、頻繁に洪水を起こしていた川も、長い歳月の苦闘の果てに、劇的に治めることに成功しました。

榎は、かつては湿地だったところで今でも芽生えつづけ、この大地を森にしようとしている、生態系の要のような存在の木です。

大昔の日本人は、そのことを、すなわちこの木の「盛りの力」をよくわかっていました。そしてこの木が元気に生えることは、巡り巡って、われわれ人間にとっても好ましい環境をもたらすことをわかっていたのです。

だから、この木のことを「え」と名づけました。

「え」は時代を超えて、この大地で生きつづけています。

おわりに――森の案内を終えて

日本の自然を知りたいと思って森を歩きはじめた一日目を、今でもよく覚えています。そこは宮崎県の森でした。広い森のなかを一日中歩きまわって、自分の車を停めていた駐車場へ戻ってきたとき、あたりはすっかりと暗くなっていました。

そのときの僕の心には、森を堪能した充実感もなく、これから始まる旅へのワクワク感もなくて、ただ実感のない寂しさと徒労感しかありませんでした。広大な森を一日かけて歩きましたが、そこにはたくさんの木がただ生えている空間が広がっていただけで、それ以上でもそれ以下でもありませんでした。

五年間の旅はずっと一人でしたが、いつしか、どこへ行っても寂しさを感じることはなくなりました。僕は二つのあたりまえのことに気がつきました。それは「どこへ行っても木が生えている」ということと、「木は生きている」ということでした。

今の僕は、木や森に対して、旅を始めた頃とは正反対の感情を持っています。

僕はこれからも、日本中の森を巡りつづけようと思っています。あなたとも、どこかでお会いできたら良いですね。

森の案内人がおすすめする　日本全国の「この木、あの森」

1 春国岱（北海道根室市）……野鳥の楽園、海岸沿いの原始の世界
2 北海道大学植物園（北海道札幌市）……居心地最高、都心の植物園
3 白神山地（青森県、秋田県）……圧倒的な雄大さ、どこまでも広がるブナの原生林
4 森吉山（秋田県北秋田市）……大きな山容に広がるマタギの森
5 北山崎（岩手県田野畑村）……圧巻のリアス式海岸
6 榛名神社（群馬県高崎市）……巨岩がそびえ、滝が流れる、神々の世界
7 皇居東御苑（東京都千代田区）……江戸城跡と、都心に息づく雑木林
8 御蔵島（東京都御蔵島村）……周囲にイルカが定住し、圧倒的な密度を誇る巨木の島
9 三渓園（神奈川県横浜市）……雄大な庭園のなかに建築がある、日本型ランドスケープの雛形
10 五色沼湖沼群（福島県北塩原村）……色とりどりの湖沼群、絶妙な散策路の長さ

森の案内人がおすすめする　日本全国の「この木、あの森」

11 青木ケ原（山梨県）……苔むした溶岩の上に育まれた樹海
12 赤沢渓谷（長野県上松町）……トロッコも走る、充実の森林セラピーロード
13 武家屋敷跡野村家（石川県金沢市）……現代に残る・加賀藩武家屋敷の庭、圧巻の縮景
14 白山（石川県、福井県、岐阜県）……雄大な高山と樹林帯、1000年を超える悠久の信仰
15 石徹白大杉（岐阜県白鳥町）……一部は枯れながら、一部は生きつづけている。まさに神の木
16 西芳寺（京都府京都市）……夢窓疎石、魂の庭園遺産
17 春日山原始林（奈良県奈良市）……不伐を守りつづけた神域
18 万博公園（大阪府吹田市）……大阪万博、夢の跡に広がる大公園
19 湖山池ナチュラルガーデン（鳥取県鳥取市）……平成に誕生した、画期的なガーデンパーク
20 後楽園（岡山県岡山市）……鶴が飛来した日本三名園

森の案内人がおすすめする　日本全国の「この木、あの森」

21 秋吉台、長者ケ森（山口県美祢市）……草原の中にポツンと佇む、絵本みたいな森
22 面河渓（愛媛県久万高原町）……エメラルド色の川が流れる石鎚山の麓
23 魚梁瀬千本山（高知県馬路村）……まるで巨大な神殿、巨杉林
24 アクロス福岡（福岡県福岡市）……元気いっぱいの草木に覆われた、天神1丁目のビル
25 龍良山（長崎県対馬市）……ツシマヤマネコが躍動していた原始の森
26 祖母山（大分県、宮崎県）……ニホンオオカミの目撃例？九州の秘境
27 綾の照葉樹林（宮崎県綾町）……吊り橋から展望する西日本の原風景・照葉樹林の世界
28 蒲生の大楠（鹿児島県姶良市）……根まわり約34メートル・神社創建の根拠になった巨大な楠
29 屋久島、太鼓岩（鹿児島県屋久島町）……世界自然遺産の原生林・ミラクル大パノラマ
30 西表島、仲間川・浦内川（沖縄県竹富町）……カヌーを漕いで分け入るマングローブの世界

三浦豊

みうら・ゆたか

1977年京都市生まれ。森の案内人、庭師。
日本大学で建築を学んだ後、
庭師になるために京都へ帰郷。2年間の修行を経て、
日本中を巡る長い旅に出た。
2010年より「森の案内人」として活動をはじめる。

ホームページ　http://www.niwatomori.com

木のみかた　街を歩こう、森へ行こう

2017年 3月25日　初版第一刷発行

2022年10月14日　初版第五刷発行

著　者　　三浦豊

発行者　　三島邦弘

発行所　　㈱ミシマ社 京都オフィス

郵便番号　602-0861

京都市上京区新烏丸頭町164-3

電　話　　075(746)3438

F A X　　075(746)3439

e-mail hatena@mishimasha.com

装　丁　　寄藤文平・鈴木千佳子(文平銀座)

印刷・製本 (株)シナノ

組　版　　(有)エヴリ・シンク

U R L　　http://www.mishimasha.com/

振　替　　00160-1-372976　ISBN978-4-903908-91-5